Jan. 3, 1928. 1,655,114

N. TESLA

APPARATUS FOR AERIAL TRANSPORTATION

Filed Oct. 4, 1927 2 Sheets-Sheet 1

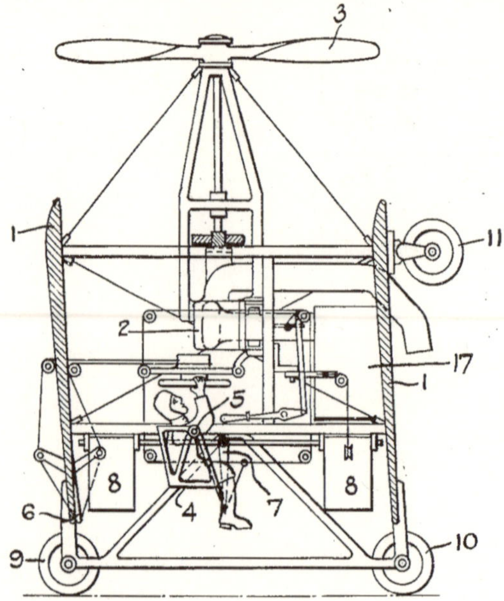

FIG. 1.

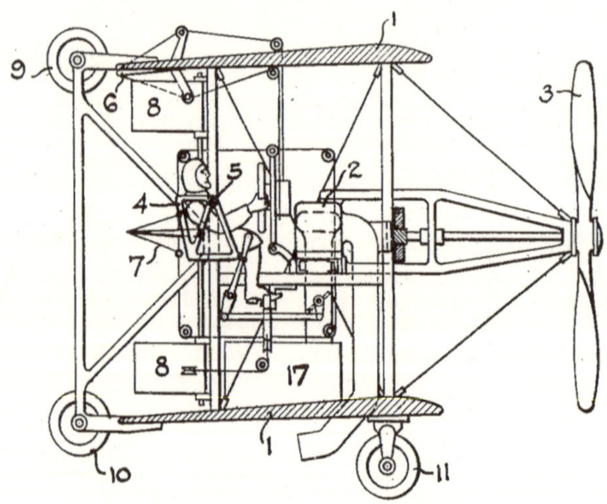

FIG. 2.

INVENTOR.
NIKOLA TESLA.
BY John P. Tarbox
ATTORNEY.

(No Model.)

N. TESLA.

SYSTEM OF ELECTRIC LIGHTING.

No. 454,622. Patented June 23, 1891.

Fig. 1

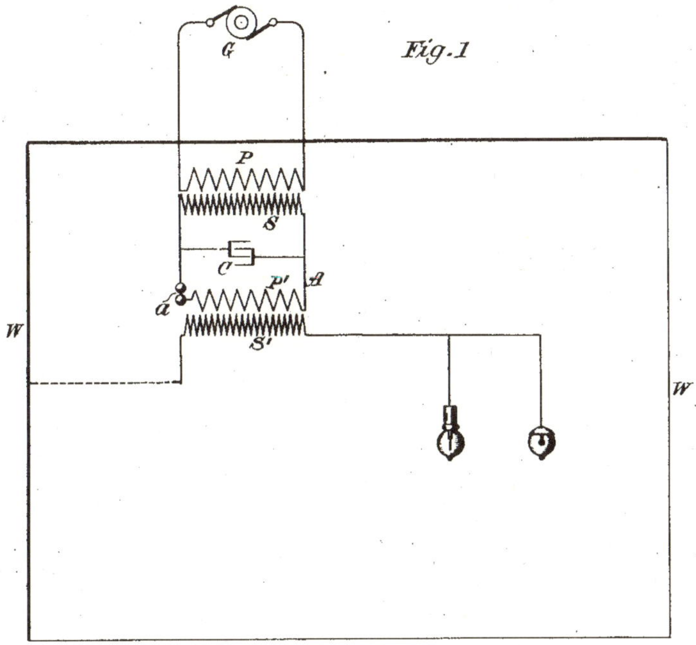

Fig. 2

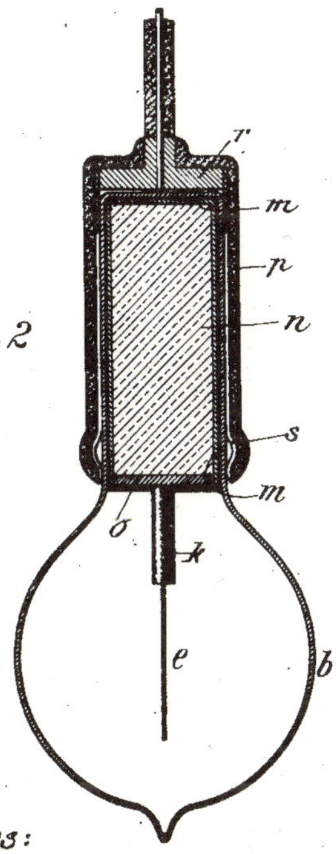

Fig. 3

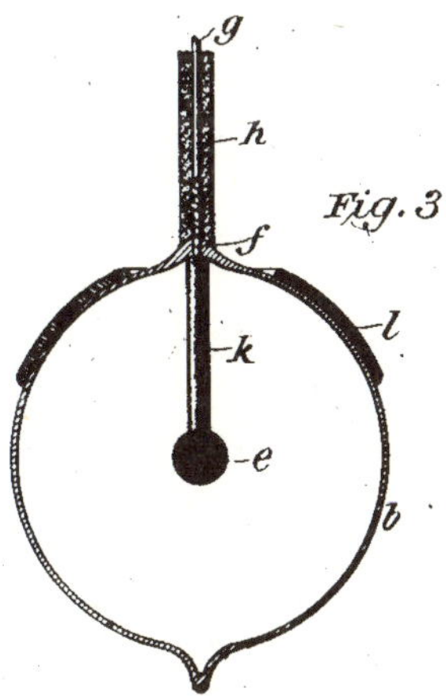

Witnesses:
Raphaël Netter
Ernest Hopkinson

Inventor
Nikola Tesla
by
Duncan & Page,
Attorneys.

꿈을 현실로 만든 전기의 마술사

니콜라 테슬라

세르죠 로시 | 죠반니 스카르두엘리 | 박종순

BH balance harmony

꿈을 현실로 만든 전기의 마술사

니콜라 테슬라

세르죠 로시 | 죠반니 스카르두엘리 | 박종순

BH balance harmony

천재 혹은
미치광이?

배경음악은 없어?

응, 아직 음악을 고르는 중이라….

그런데 이건 무슨 상관이야?

뭐랄까…,
뭔가 기대감을 줄 게 있어야 하거든.

뭐에 대해?

테슬라 이후에 일어날 일이지, 뭐겠어?

그만, 이제 충분해.
전부 확실해졌어. 이해했어.

어디 말해봐.
뭘 이해했다는 거야?
네가 그를 과학자가 아닌…

별난 괴짜로 보이게끔
한다는 것.
사람들한테는
그런 게 먹히거든.

그래,
음모론자들한테나
먹히겠지.
맞아, 그 부류들도 있네.
방송 타면 꽤 많이 볼 거야.

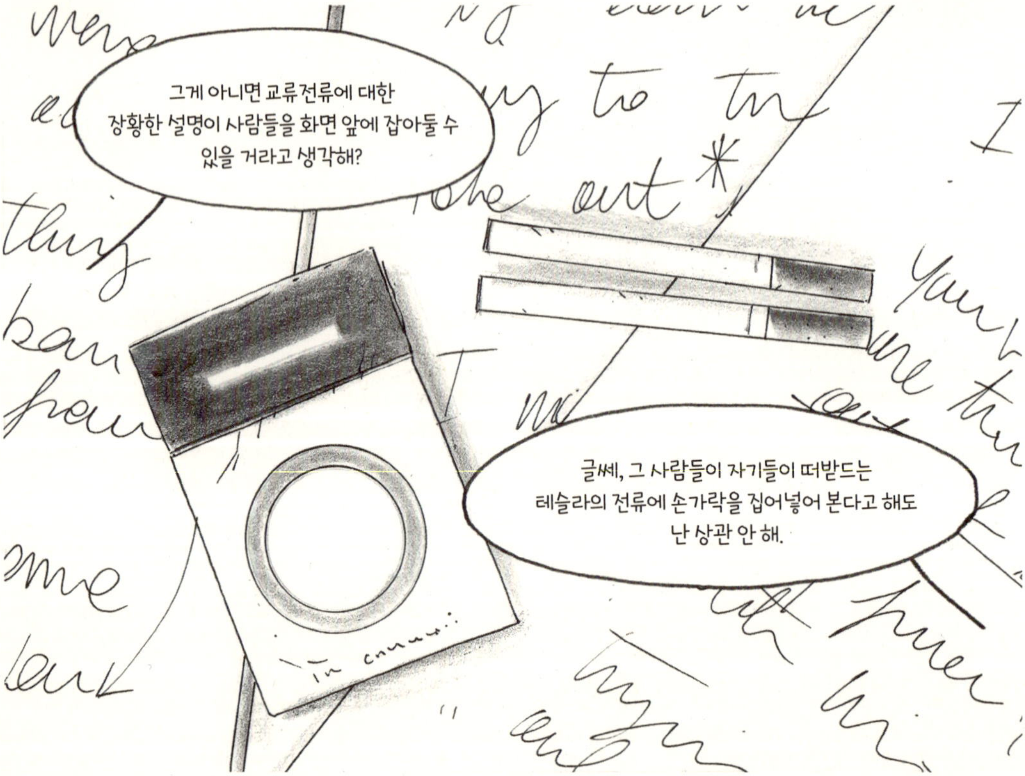
그게 아니면 교류전류에 대한
장황한 설명이 사람들을 화면 앞에 잡아둘 수
있을 거라고 생각해?
글쎄, 그 사람들이 자기들이 떠받드는
테슬라의 전류에 손가락을 집어넣어 본다고 해도
난 상관 안 해.

나도 마찬가지야,
방송이 나간 다음에 그러면….
아인슈타인이 뭐라고
했는지 기억해?
그는 모든 것이 상대적이라고
말했었지.
그건 분명 진보한 거잖아,
안 그래?
그래, 그런데 아인슈타인은
그런 말을 한 적이 없어.
정말이야?

충격적이군.
내 오랜 친구의 머릿속이 이렇게나 깨끗하다니….
마지막으로 텔레비전을 본 게 20년 전의 일이 아니고서야.
와일 E. 코요테 같은 작자들이 보낸 메일을 읽느라 바쁘니까 그렇지.
테슬라의 죽음에 관한 비밀이 담긴 메일이라면?
ACME MAIL ORDER CATALOG
어쩌면…
누군가가 진실을 전하려고 보낸 걸지도 몰라.

그럼 이번 다큐멘터리에서 테슬라의
진짜 모습을 담게 되는 거지.
과학자로서의!

좋은 게 있어.
이것 봐.

이건…
맞아, 바로 테슬라가 죽었던 날이야. 달력 보이지?
그리고 이건 진짜야. 만약 조작한 거라면 상을 줘야지.

어떻게 얻었을까?
난들 아나. 하지만 이걸 보낸 사람이 다른 것도 줄 수 있다더군.
대신 이 사람 사는 데로 가야 해.

어디에 사는데?
새러토가스프링스

뉴욕에서 적어도
3시간은 걸릴 텐데….
구글맵에는
3시간 15분이라고 나와.
언제 출발해?
지금 당장. 그리고
너도 같이 가는 거야.

뭐라고? 나도? 내가 왜!
그 사람이 너도 만나고 싶어하거든.
테슬라에 대한 책 쓴 적 있잖아.

아! 어쩌면 매달 네게 편지를 보내는
사람들 중에 하나일지도 몰라.
아주 그럴듯한 가설이군.

봐, 이 사진은 원본이야.
다른 걸 더 가지고 있는지 확인 안 해볼 수 없다고.
한 번 둘러보고 저녁이나 먹으러 가자.

그자가 우릴 속인 거라고 해도
저녁은 방송국이 지불할 거야.
출바알!
NOW
LEAVING
NEW YORK
CITY

미국인 이야기

우리가 테슬라 이야기를
어떤 식으로 풀어야 하는지 알아?
어떻게?
진짜 미국인 이야기처럼
해야 해.
미국인이 아니었는데도?
모든 요소가 다 있잖아.
성공, 몰락, 라이벌, 복수.
내 말 잘 들어봐.

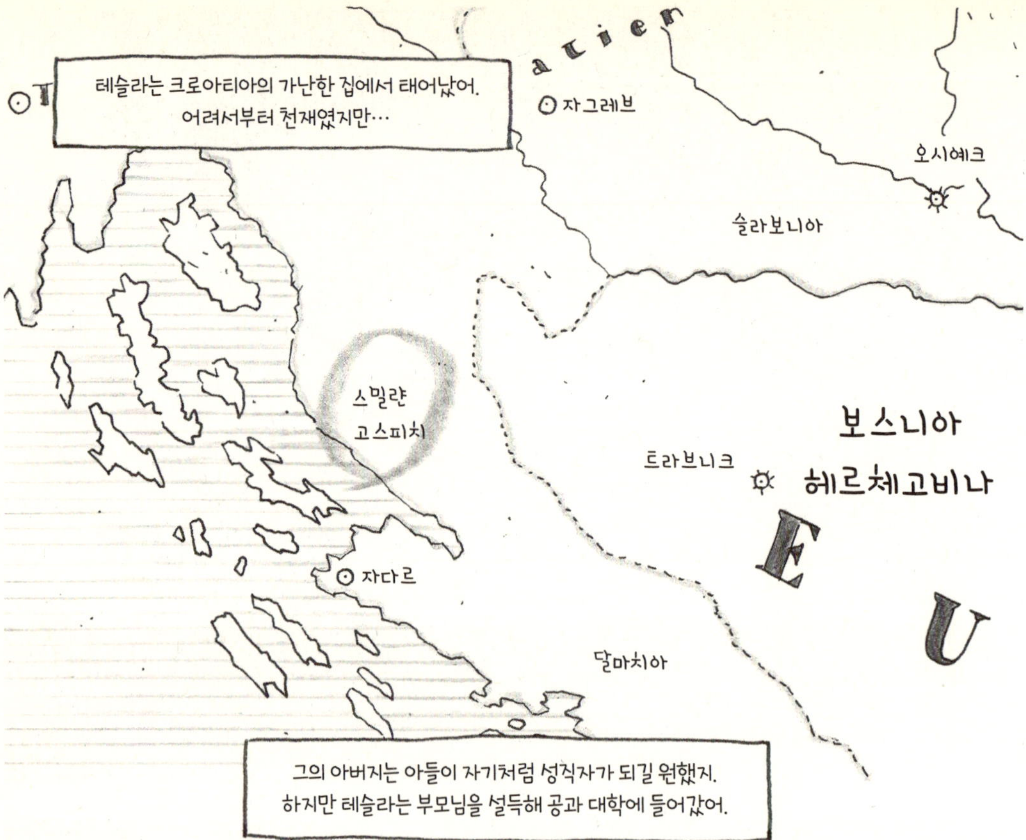
테슬라는 크로아티아의 가난한 집에서 태어났어.
어려서부터 천재였지만…
자그레브
오시예크
슬라보니아
스밀랸
고스피치
보스니아
헤르체고비나
트라브니크
자다르
달마치아
그의 아버지는 아들이 자기처럼 성직자가 되길 원했지.
하지만 테슬라는 부모님을 설득해 공과 대학에 들어갔어.

그런데 대학을 중퇴하고
부다페스트에서 일하다
파리로 간 거야.
응? 갑자기…?

그래, 나도 알아. 너무 빠르지.
적당히 건너뛴다고 생각해.
재밌는 건
지금부터거든.

그 당시 상황을 설명하면서 에디슨 얘기를 시작할 거야.
이렇게 우리의 악역이 등장하는 거지.

악역이라니? 네 말은…
에디슨이 나쁜 놈이냐고? 물론! 모든 이야기에는 나쁜 놈이 있지.
그리고 그는 완벽한 악역이야.

그들에겐 평행이론도 있어.
진짜?
그럼! 둘 다 학교를 중퇴했잖아.
에디슨은 열 살 때,
테슬라는 스물두 살 때.
테슬라가 학교를 그만둔 바로 그해에
에디슨은 축음기 특허를 등록했지.
이런 것들이 단지
우연의 일치일까?

나는 안 믿어도 돼.
대중이 믿어야지.
이렇게 사람들을 스크린
앞에 붙들어 두는 거야.
좋아. 계속해봐.
그러고선?

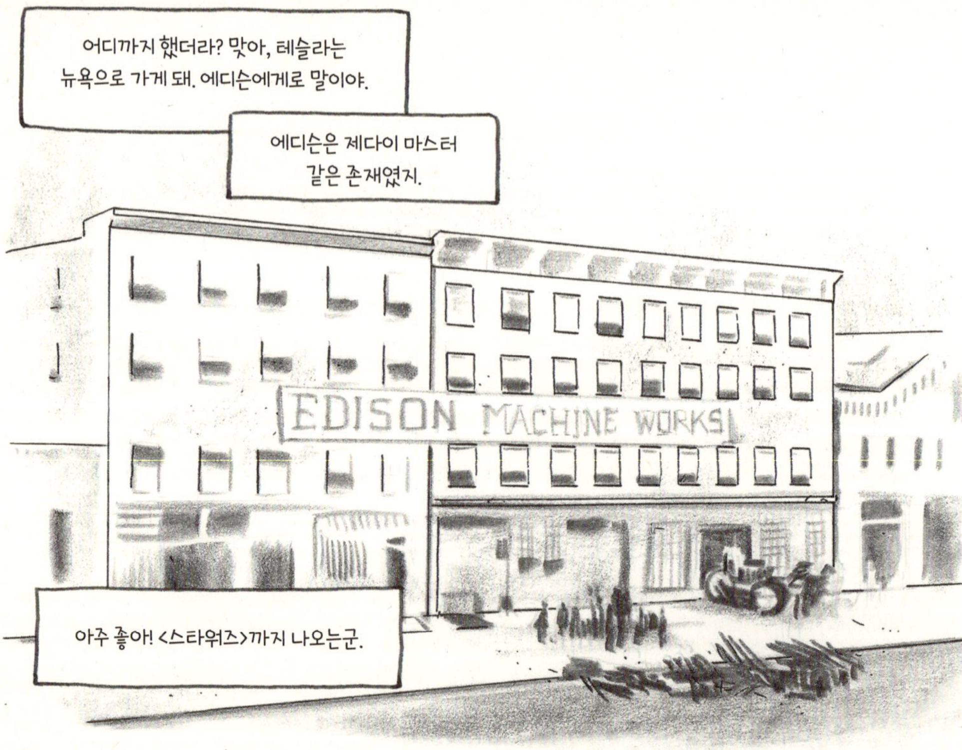
어디까지 했더라? 맞아, 테슬라는
뉴욕으로 가게 돼. 에디슨에게로 말이야.
에디슨은 제다이 마스터
같은 존재였지.
EDISON MACHINE WORKS
아주 좋아! <스타워즈>까지 나오는군.

테슬라에겐 천국이었지.
돈 걱정 없이 마음껏 연구할 수 있었으니….

에디슨이 테슬라를
제대로 엿 먹였어.
일의 대가였던
상금을 주지 않았지.
그건 미국식 농담이었다네,
테슬라.
자존심이 강했던 테슬라는
회사를 그만둬버려.

돈도 한 푼 없고,
그때까지 그가 발명한 것들에 대한
특허권도 없이 빈손으로 나왔어.
에디슨이 전부 다
챙긴 거야.
그러니까 바닥으로
떨어진 거지.
맞아. 생활비가 없어 막노동도 했고.
눈물겨운 스토리야.

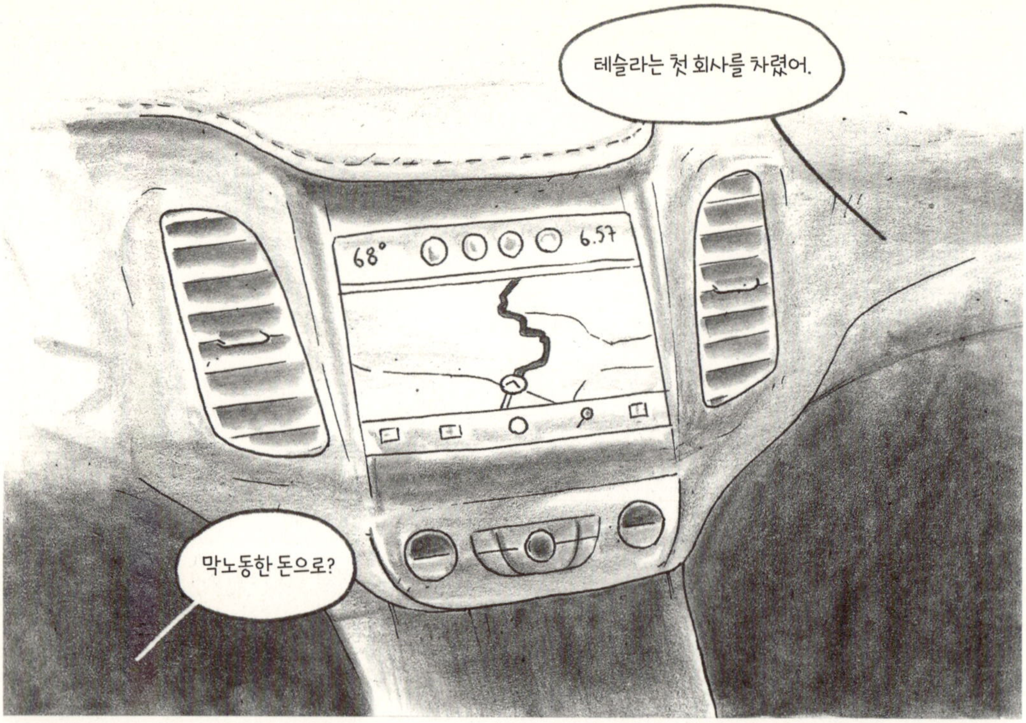
테슬라는 첫 회사를 차렸어.
막노동한 돈으로?

음… 이건 역사적 맥락을 설명할 필요가 있겠어.
아니, 그러지 마. 이대로가 좋아!
왜 다 망치려고 그래.

알았어, 입 다물게.
그럼 이제 그가 재기한 이야기가 나올 차례야?
그래, 그렇지만 우선
멋진 중간 광고가 와야지.
EAU DE
NIKOLÀ

뭐가 멋지다는 거야?
그거야…
그냥 하는 말이지.
다음 주유소 3마일

그건 그렇고 광고주에 관한 건 어떻게 되고 있어?
이런 게 들어왔는데.
절대 안 돼. 치질크림 광고를 할 순 없어.
좋을 대로 해. 그렇지만 이번 출장은 거기서 경비를 대는 거야.
뭐 어떻게든 되겠지?

기름부터 넣고 얘기해.
기름이 다 떨어졌어.
그리고 커피도!
신났군, 적당히 벗겨먹으라고.
POWER GAS
SNACKS GROCERIES RESTROOMS

전류전쟁

이 친구는
확신하는 것 같아.
내 생각엔.
미안, 지금 뭘
확신한다고?
저 앞에서 난 사고가
우리가 만나는 걸 늦추려는
시도라고.
정말로 그렇게
생각하는…
이 만남이 성사되는 걸
원치 않는 누군가가 있다고?
물론이야! 그렇지
않다면 다른 번호로
전화했을 리가 없지.

그렇다면 범인은 누굴까?
누구든 될 수 있지. 테슬라가 죽고 나서 FBI가 방을 뒤진 것 알지?
물론이야. 그가 죽었던 1943년에는 제2차 세계대전 중이었고, 사방에 나치 스파이들이 깔려 있었지.
맞아. 그 후에는 냉전이 있었고. 한국전쟁, 케네디, 월남전도….
차들이 꼼짝도 않네.

요컨대, 스파이와 음모가 넘쳐났지.
말조심!
적이 듣고 있다.
~~나치~~
~~소련인~~
~~베트콩~~
그걸 믿어?
결과물을 가지고 돌아가야 할 때만.
그럼 광고주는 여기에 대해 뭐라고 해?

똑같은 소리나 하지.
그러니 우리 일로 돌아가자고.
TFC
알았어. 광고 이야기는 됐고,
어디까지 얘기했었더라?

테슬라의
재기에 대해서.
그렇다면 새로운 등장인물이
나오겠군, 그렇지?

정확해.
조지 웨스팅하우스 주니어.
사업가이자 철도용 공압브레이크의
발명가이기도 하지.

스물두 살 때 첫 특허를
등록했어. 테슬라처럼.
이전에 이미
에디슨과 맞부딪친 것도
우연이 아닐 거야.

다국적 기업으로 만들었지.

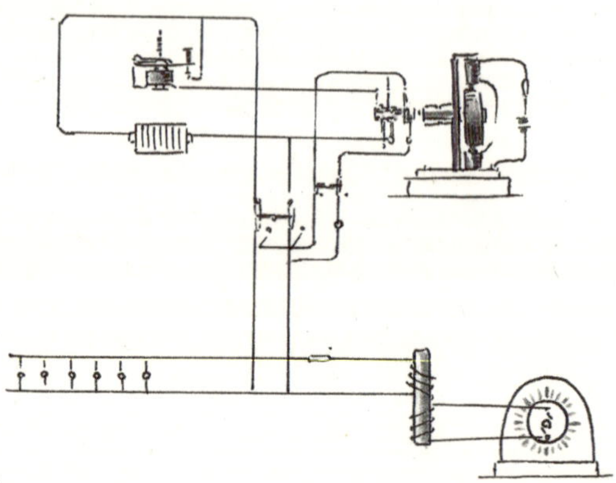

이러다간 나조차도
이 모든 우연의 일치를 믿는 걸로 끝나겠군.

그동안 에디슨은 직류발전소를 시작했지만
성공하지는 못했어. 왜지 알아?
왜냐하면 직류는 송전 중 손실이 커. 그러니까…

송전에 비용이
너무 많이 들어가.
그럼 이걸
어떻게 해결할까?

에디슨은 도시 사이사이에 발전소를
많이 세우려고 했어. 하지만…
결국 비용을
감당할 수 없었던 거지,
안 그래?

훌륭해. 너도 집중하면
할 수 있단 걸 알겠어?
난 네가 내 말을
인용할 때가 좋더라.

테슬라는 교류를 사용하면 송전할 때
손실을 줄일 수 있다는 걸 알고 있었지.

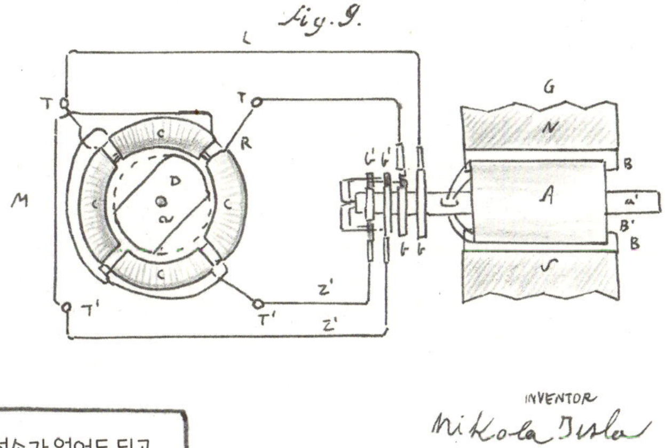

중간에 발전소가 없어도 되고.
근데 왜 그런 거야?

저 새들은
왜 감전되지 않을까?
전선을 흐르는 교류는
전류의 세기가 약하지. 그래서
아무런 영향을 주지 않는 거야.
잘 모르겠는데.
그럼 만약 직류였으면
어떻게 되는데?

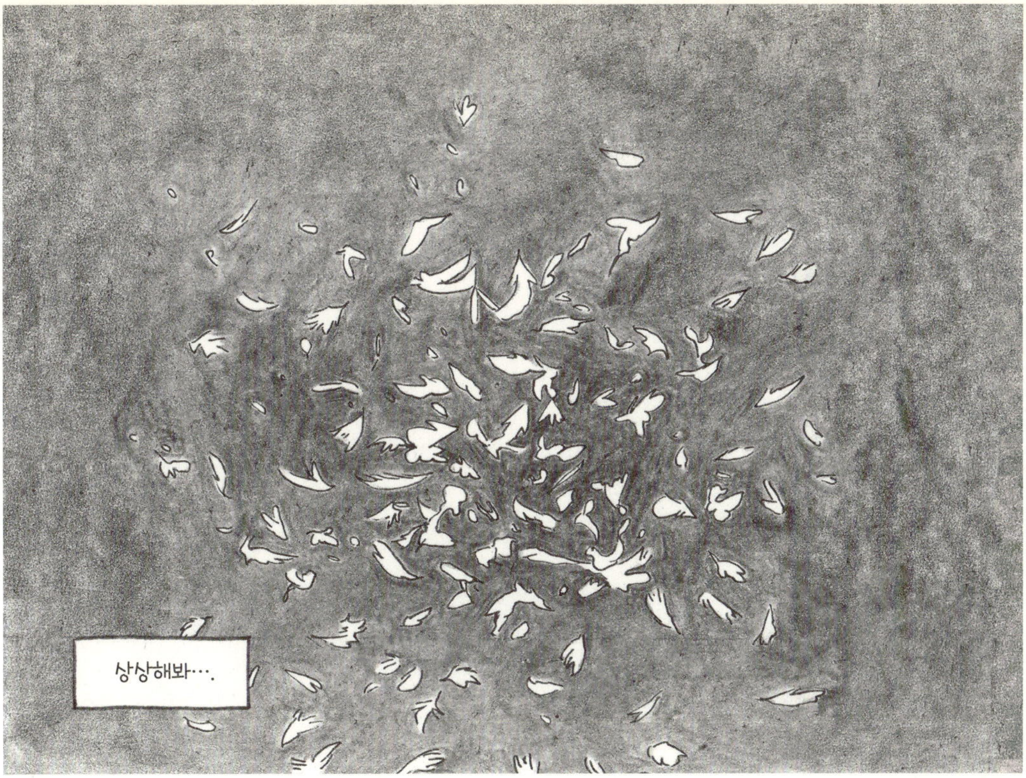
상상해봐….

이제 이해했어?
그래, 고마워.
근데 그걸 30초 안에
설명할 수 있어?

30초라고?!
어… 음… 글쎄….
이건 텔레비전에 나가는 거야.
학술회의가 아니라고.

어쨌건 웨스팅하우스 얘기로 돌아가자고.
그가 왜 테슬라를 도왔을까?
웨스팅하우스
전기 제조회사
다상시스템
쉬운 이야기야. 그는 금융가였고,
그 당시 전기는 세기의 사업이었지.

유럽과 미국을 잇는 해저케이블이 놓였고, 전구가 세상에 나왔어.
에디슨의 또 다른 특허지.

웨스팅하우스 같은 사람이 이 사업에 뛰어들지 않을 수는 없었을 거야.
그런 까닭에 그는 테슬라의 파트너가 됐지. 과학에 대한 열정 때문은 아니었어.

그러니까, 교류에 대한
테슬라의 생각이 옳다면…
웨스팅하우스는
황금알을 낳는 거위를
손에 넣은 거야!

그렇지, 그렇지만 테슬라는
연구를 계속하기 위해서
돈이 필요했어.
그 외에는 아무런
관심도 없었고.
테슬라는 에디슨과
웨스팅하우스… 그 두 사람과는
달랐어.

그들이 세운 회사가
거대 기업이 된 건 우연이 아니야.

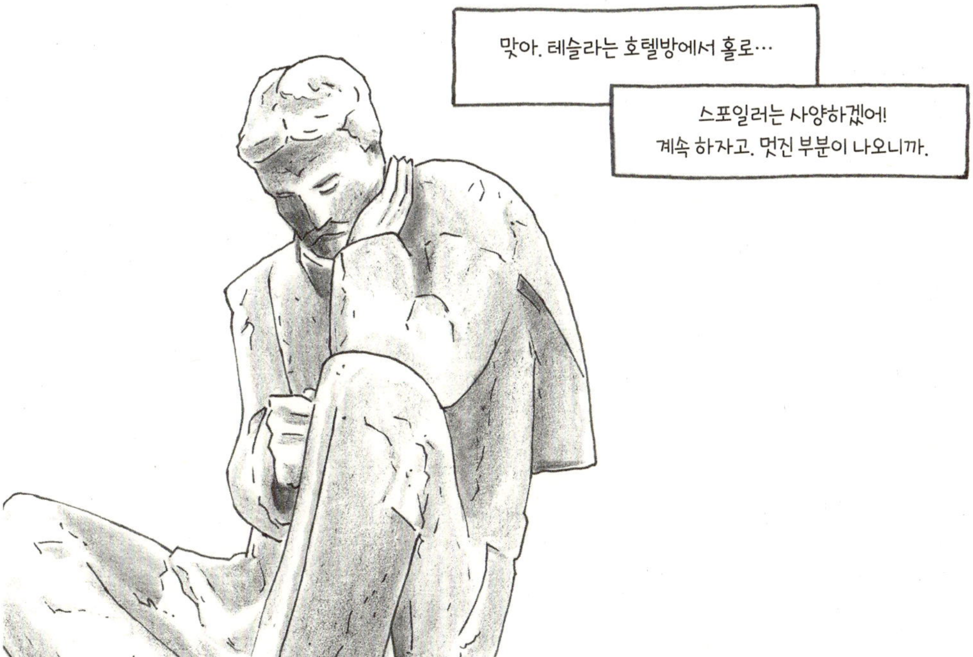
맞아. 테슬라는 호텔방에서 홀로…
스포일러는 사양하겠어!
계속 하자고. 멋진 부분이 나오니까.

전류전쟁

직류전류

전류는 한 방향으로만 흐르고,
시스템은 경로 전체에서
동일한 전력으로 작동한다.
장거리 고전압전송은 효율적이지 않다.

· 전지장치
· 태양전지 또는 연료전지
· 발광다이오드

교류전류

전류는 주기적으로 방향을 바꾸고,
고전압을 견딜 수 있는 변압기를 사용해
사용자에게 전달한다.

· 전동기
· 라디오 신호
· 가전제품

교류전류가 위험하다는 걸 보여주기 위한 에디슨의 그랜드투어

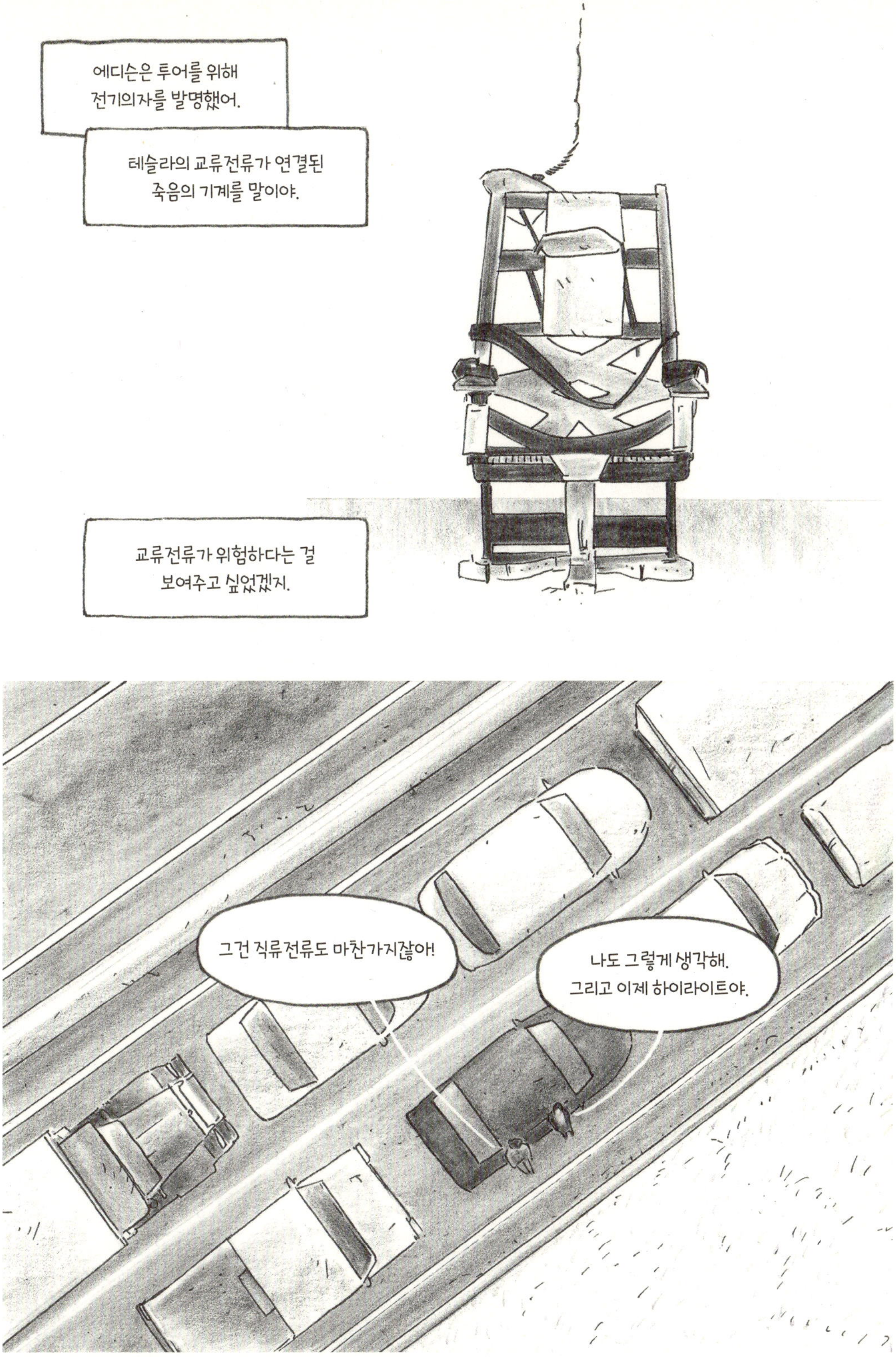
에디슨은 투어를 위해
전기의자를 발명했어.
테슬라의 교류전류가 연결된
죽음의 기계를 말이야.
교류전류가 위험하다는 걸
보여주고 싶었겠지.
그건 직류전류도 마찬가지잖아!
나도 그렇게 생각해.
그리고 이제 하이라이트야.

그게 뭔데?
'톱시'라는 코끼리에 관한 이야기야.

코끼리라고?
에디슨이 감전사시켰어. 사육사를 죽였다는 이유로.

사육사가 불 붙은 시가로
학대했거든.
와! 나쁜 놈이었네!
에디슨은 처형 장면을
필름으로 남겼어. 인터넷에
있으니 찾아봐.
정말이야?

코끼리 전기처형
763.046
믿을 수가 없군!
거의 백만 명이 봤어.

이걸 방송에
내보낼 수 있을까?
이론적으론 예스야.
유튜브에 공개됐잖아.
그렇지만…
미리 변호사에게
자문 받아야 해.

광고주는?
동물애호가들이 문제지. 유튜브에만 있는 한 아무도 신경 쓰지 않아. 하지만 그게 방송을 타면…
사무실 앞에서 피켓 시위하는 모습이 벌써 그려지는군.
방송한다 해도 몇 프레임 정도만 내보낼 수 있을 거야.

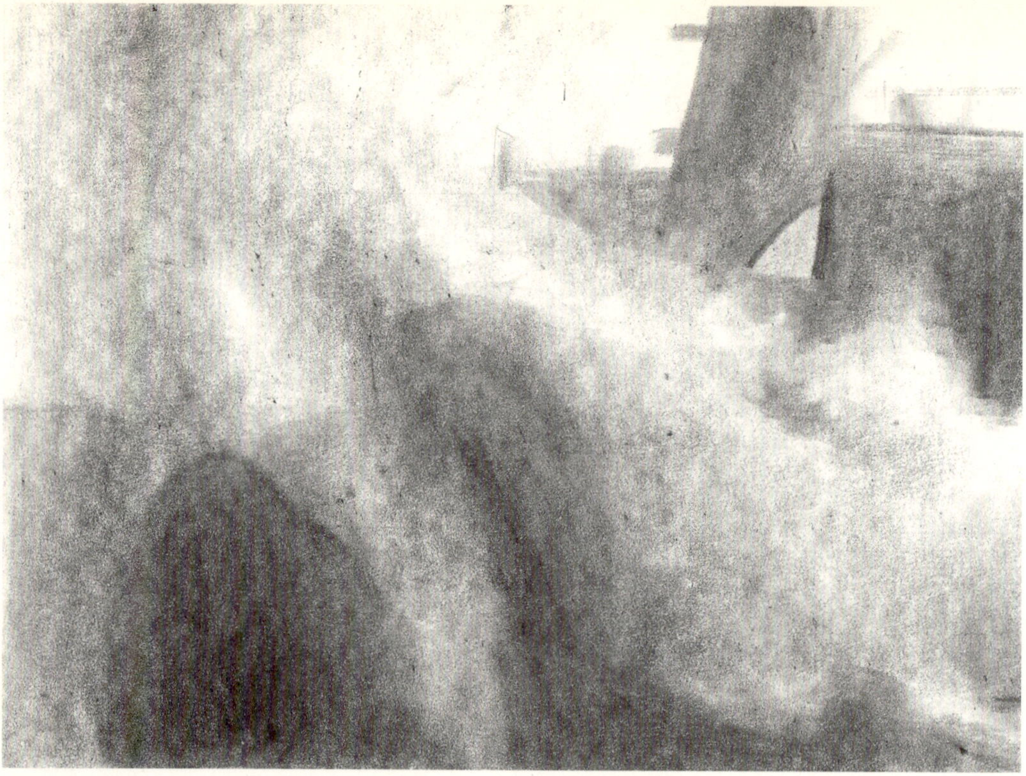

음… 다음 얘기나
마저 해봐.

톱시의 죽음과 함께
전류전쟁은 막을 내렸어.
동물애호가들을 생각해서
그런 건 아닐 거고.

WORLD'S COLUMBIAN EXPOSITION CHICAGO 1893
1893년 시카고
세계박람회
아냐, 에디슨과 웨스팅하우스가
파산 위기에 몰렸지. 그래서 휴전을 한 거야.
거기다가 시카고 세계박람회를 밝히는 데
교류전류가 쓰였거든.

이로서 에디슨은
전류전쟁에서 졌어.
하지만 그는 발전소들을
교류발전소로 전환했고,

전보다 더 많은
돈을 벌었지.
그러고선 테슬라에게
불운이 시작된 거야.

어떤 의미에서?
이제는
가야 한다는 의미에서.
봐, 차들이 움직이잖아.

뉴욕으로
돌아오다

차 좀 세우면 안 돼? 아무 것도 안 보이잖아.
지금도 늦었어. 게다가 우리 친구는 휴대전화 번호를 또 바꿨고.
그 친구도 이런 폭풍우에 FBI가 누굴 보낼 거라고 생각하진 않을 걸!
나야 모르지. FBI가 테슬라의 발명품을 이용하고 있을지도 모른다는 상상을 할 수도 있고.
테슬라의 발명품?
콜로라도스프링스에서 구상한 것들 말이야. 그가 겪은 문제의 근원이지.

미안한데,
무슨 말이야?
자, 네가 전류전쟁에서 승리했어.
너라면 이제 뭘 할 것 같아?

음… 모르겠어. 테슬라가
돈이 부족했을 것 같지는 않은데.
그는 두 가지 실수를 해. 먼저, 그에게
매우 유리했던 웨스팅하우스와의
계약을 무효화해줬어.

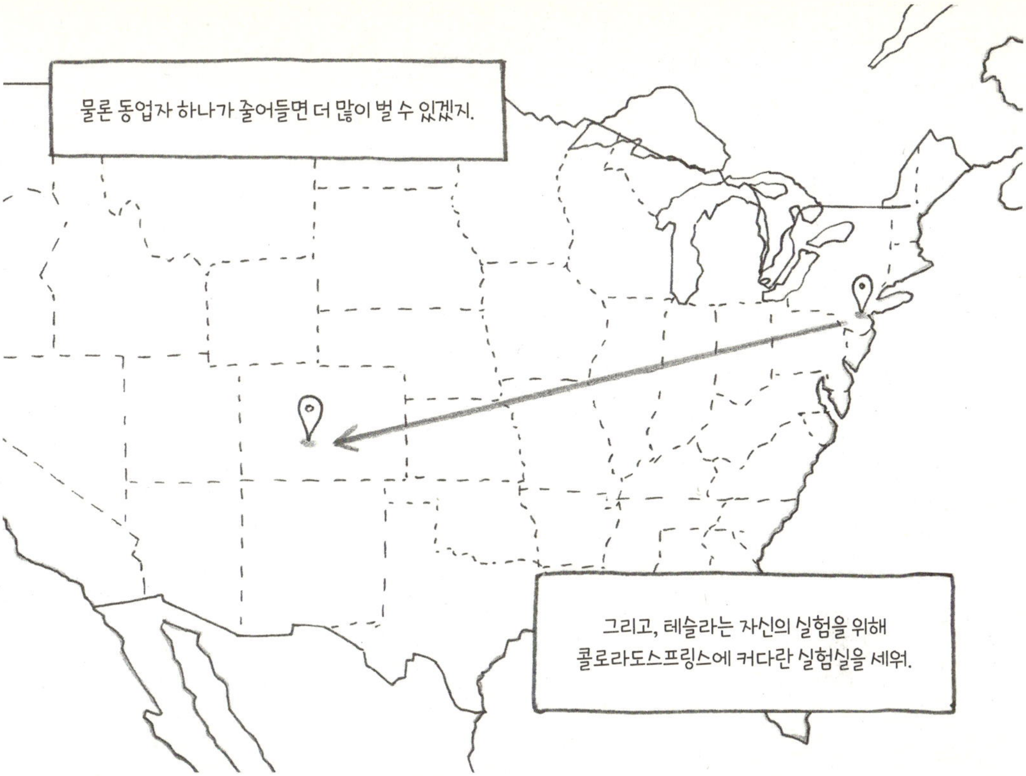
물론 동업자 하나가 줄어들면 더 많이 벌 수 있겠지.
그리고, 테슬라는 자신의 실험을 위해
콜로라도스프링스에 커다란 실험실을 세워.

그리고 위험한 실험을 계속 했어.
소설가 마크 트웨인도 거기에 열광했고.

네 말이 맞아. 말도 안 되는 번개를 만들어 냈으니.
한 번은 그 도시를 통째로 가로질러서 불을 밝힌 적도 있지.

요금고지서를 상상해봐.
그래, 그 당시엔 요금을 얼마 낼지를 사용자가 보고해야 했잖아.

또 그는 지구를 하나의 전기전도체로
사용하려고 시도했어.
그가 전선을 없앨 수 있었다면
전송에 드는 비용을 꽤
절약할 수 있을 텐데, 안 그래?
그렇지만
작동하지 않았지.
그가 해낼 수도
있었을까?

마르코니는 대기권을 이용해
라디오 전파를 보낸 거지. 지구 전체가 아니라.

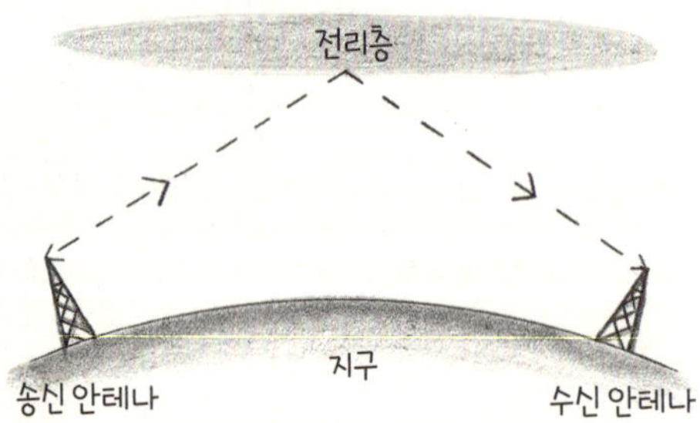

음, 나중에 제대로 설명해줘. 그리고는… 잠깐만….

아, 그래. 그는 우주로부터 온
신호를 들었다고도 했었지.
거기에서도 그는 틀렸어.
사실 그 신호는 펄서로부터 온 거였거든.

그게 뭔데?
맥동성이라고도
하는데, 라디오 전파를 방출하는
별이야. 그때로선 몰랐지.
왜?

그때로부터 한참 지난 후에 발견되거든.
당시만 해도 은하계를 전 우주라고 생각했으니까.

정말로?
그래, 그러는 동안 테슬라는 도시 전체를 정전시키기도 했고.

결국에는 여러 가지 문제로 지쳐서
뉴욕으로 돌아올 수밖에 없었어.
돈이 다 떨어지기도 했고.

그렇지만 뉴욕에서도
상황이 나아지진 않았어.
그럼 테슬라가 타워를
생각해낸 게 그때야?

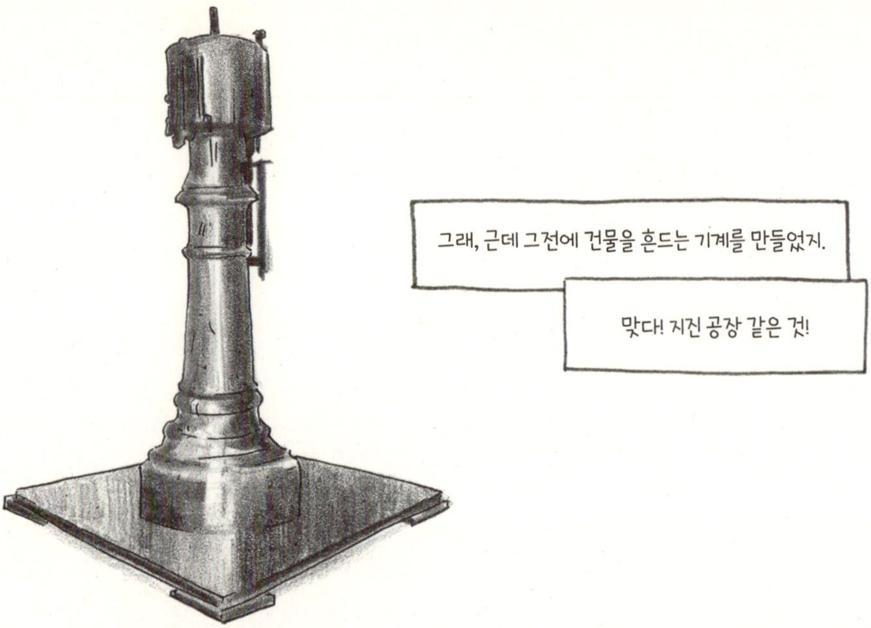
그래, 근데 그전에 건물을 흔드는 기계를 만들었지.
맞다! 지진 공장 같은 것!

맞아. 그것 때문에 건물이 흔들리다 못해 무너질 뻔 했지.
만약 L.A.에서 그랬으면 어떤 일이 벌어졌을까?

지진을 일으키지 않았을 건 확실해.
그런 식으로 작동하는 건 아니거든.
아쉽다. 하여튼 이제 타워
이야기까지 왔네.
비용이 당시의 돈으로
백만 달러였어.
테슬라는 후원자를
찾을 수 있을 거라고
생각했겠지, 안 그래?

그때만 해도 에디슨을 이긴 테슬라였으니까.
아이디어는 훌륭했어. 주위의 도시에 와이파이로 에너지를 전송하는 타워라니!

그래, 하지만 타워는 작동하지 않았지.
근데 왜 작동하지 않은 거야?

와이파이는 아폴로 2호와 교신하기 위해
1969년에야 개발됐거든.
그런 거야?

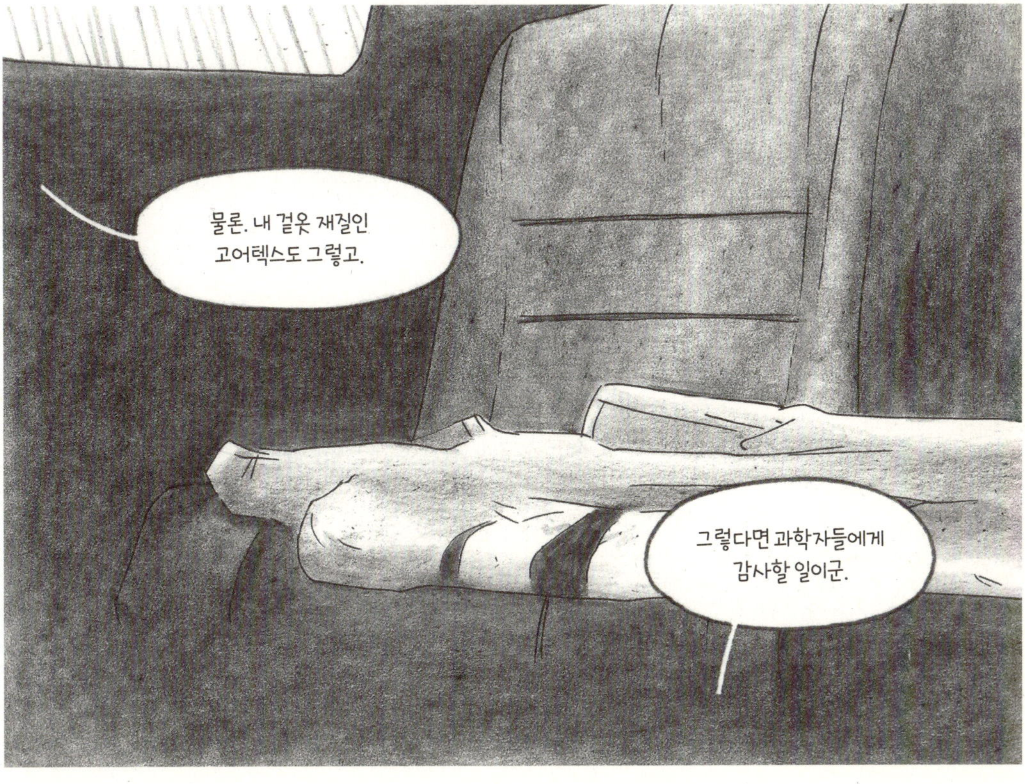
물론. 내 겉옷 재질인
고어텍스도 그렇고.
그렇다면 과학자들에게
감사할 일이군.

우리는 텔레비전 작동법도
아인슈타인에게 빚지고 있지.

그 이야긴 나중에 하고
테슬라로 돌아가자고.

테슬라는 이론을 알지
못했다는 거지.

이론? 무슨 이론?

그러니까 내 말은 테슬라가 아인슈타인의
상대성이론과 보어의 양자역학을 몰랐다는 거야.
계속 해봐.

최신 지식을 습득하지
않았었지, 그래서 그는 더
발전할 수 없었던 거야.
새로운 이론들을 배울
여력이 없었던 건가?

물론 있었겠지. 그렇지만 그는 상대성이론을
납득할 수 없다고 했어. 내 생각에는
그가 이해를 못했던 것 같아. 그래서…
그래서?

테슬라는 자기에게 도움이 됐을 이론을 거부한 거야!
상대성이론 없이는 그가 원하는 대로 전자기파가 작동하지 않거든.
여기 이 내비게이션에 있는 GPS 신호도 계산할 수 없을 뿐 아니라 에너지를 송신하는 건 상상도 할 수 없지.
63˚
8.45
아! 결국 이런 것 때문에 다른 과학자들이 그를 끼워주지 않았구나!

당연하지! 과학자들은 테슬라를 고립시키기는커녕 자기장의 측정단위를 그의 이름을 따서 명명했으니까!

그렇지만 그들은 테슬라와 에디슨이 노벨상을 포기하게 만들었잖아.

테슬라(T)는 SI 단위 중 자기장에 대한 유도단위이다. 자기선속의 밀도(=자속밀도)로도 정의된다.

$$1T = \frac{1N}{1A \cdot 1m}$$

그건 가짜 역사야. 테슬라와 에디슨이 사전에 수상을 거부했다는 사실은 어디에도 없어.
그게 왜 가짜라는 거야?
토머스 에디슨
니콜라 테슬라
THOM EDIS- ON
NAT. MDCCC XLVII
NAT. MDCCC LVI
NIK- TESLA

스웨덴 한림원에서는 수상자를 사전에 공개하지 않는다고.
흠, 그렇군. 좋아. 이 부분은 좀 미묘하니 나중에 다시 살펴보자.

그러고 나니 당시 노벨상 수상자로 누구를 선정할지가 난처하게 됐지.
웃기는 건 전기전자공학자협회(IEEE)는 테슬라에게 에디슨 메달을 수여했다는 거야.
단위에 이름을 남기는 게 노벨상보다 낫다고 생각할 수도 있지.
사람들이 확실히 기억할 테니까.
네 말이 맞을지도.
그동안에도 테슬라는 계속 특허를 냈어.

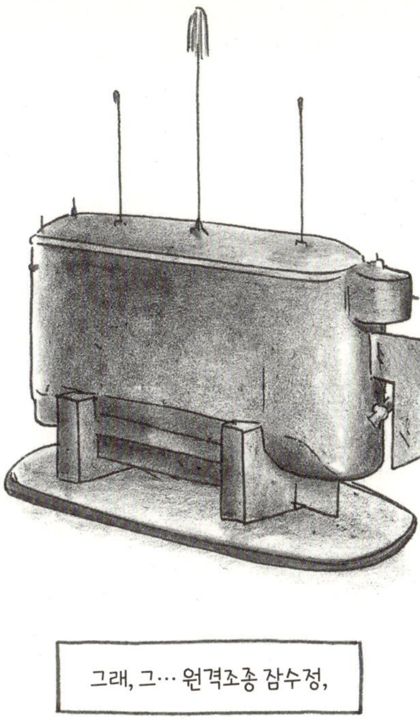
그래, 그… 원격조종 잠수정,

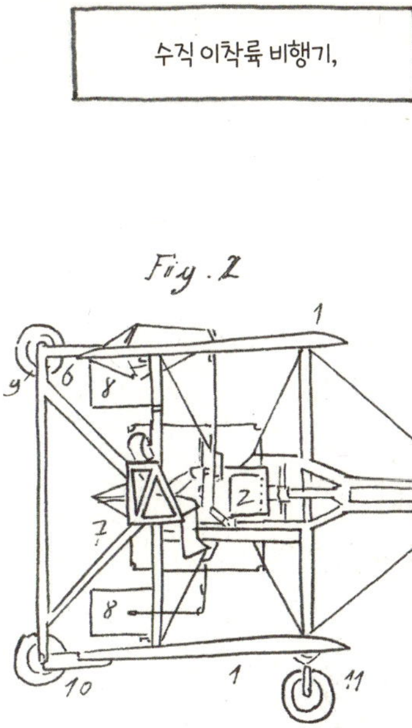
수직 이착륙 비행기,
Fig. 2

라디오!
그것도 결과는 안 좋았지,
안 그래?

그래, 테슬라는 마르코니를 상대로 소송을 걸었어.
무선통신을 실현하기 위해 자기 특허를 도용했다고 비난했지.
패소했지만….
맞아, 그가 죽고 난 다음에서야 특허가 인정됐어.
WELCOME TO SARATOGA SPRINGS

그동안 빚은 점점 늘어갔지.
특허도 늘어갔어. 레이더의 초기 모델을 구상하기도 했고.
Don's

이런 사람을
누가 좋아하지 않겠어?
어… 우리 그 문제는
아직 이야기 안 했잖아.
맞아. 음, 비가 그쳤네.
그렇군. 그리고 우린
약속장소에 다 왔어.
커피 어때?
Don's DINER

전설 또는 진실

그 커피 다 마시면
몸에 안 좋을 것 같은데?
혈압이 낮아서 괜찮아.
약속이 몇 시였지?
한 시간 후에
다시 전화가 올 거야.
전화번호가 또 바뀌었어?
당연하지. 그동안 우리
스토리의 가장 미묘한 부분을
얘기할 수 있겠군.
좋아,
어떤 부분?

그의 기행들, 특히 테슬라가 머릿속에서 느꼈던 섬광 같은 것들.
그는 아마 두통에 시달렸을 거야.

나중에 그는 숫자 3에 집착해.
맞아, 맞아. 그는 모든 행동을 3의 배수로 하지. 집에 들어가기 전에 집을 세 바퀴 돌고 들어갔어.

그리고 문을 열기 전에는 손잡이를
세 번 닦았지.
테슬라는 세균을 무서워했거든.

사실 그는 하루에 아홉 번 손을 씻었어.
아니면 장갑을 끼고 나갔지.
항상 세 켤레를 가지고서.

식탁에선 냅킨 세 장을 썼어.
그 다음에 아홉 장, 결국에 가선 식사 때마다 열여덟 장을 썼지.
그렇지만 이 얘기를 하기엔 문제가 있어.
잘못하면 다큐멘터리가 우스워 보일 수 있다고.
글쎄, 해결책이 있을 수도 있지.

어떤?
다른 유명 과학자들의
경우를 곁들여보자.

마리 퀴리는 베개 밑에 라듐 조각을 넣고 잤지.
방사능을 내뿜는 걸 말이야!
아, 진짜…. 그건 사실이 아냐!

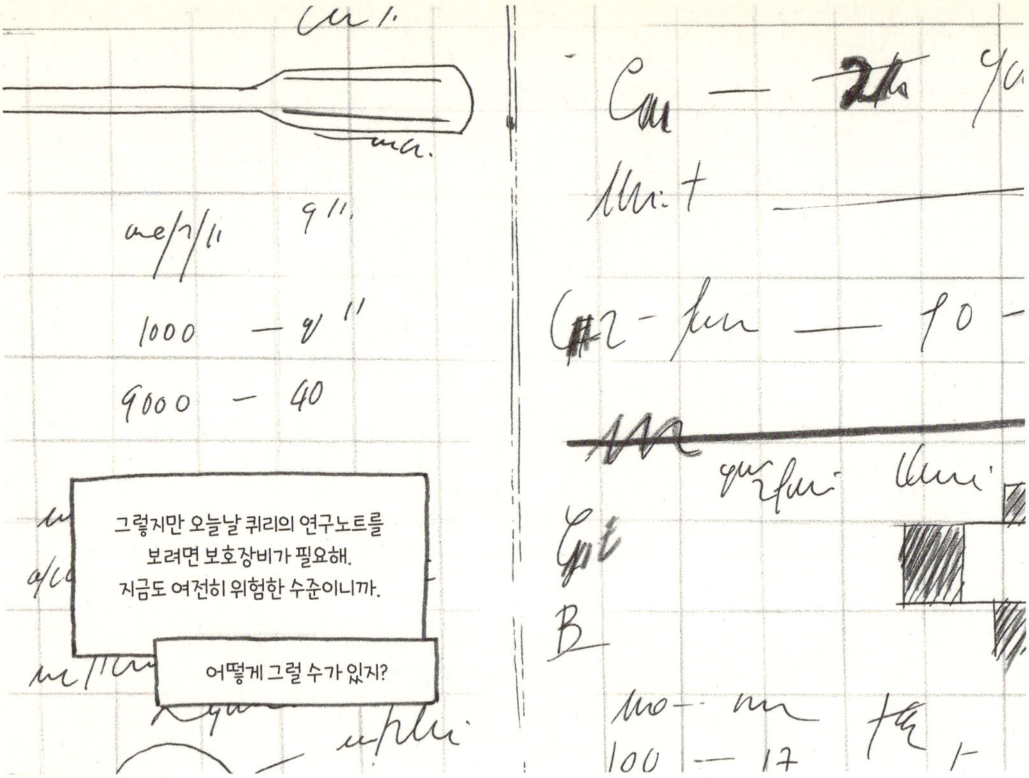
그렇지만 오늘날 퀴리의 연구노트를
보려면 보호장비가 필요해.
지금도 여전히 위험한 수준이니까.
어떻게 그럴 수가 있지?

당시에는 아무도 방사능이 뭔지
제대로 몰랐거든. 엔리코 페르미는
금붕어 어항을 원자 실험을 하는 데
쓰기도 했어.
그 금붕어들은 어떻게 됐는데?

그건 나도 모르지.
하지만 영화 〈해양 괴물〉에 나오는
아가미 인간으로 변하지 않은 건 확실해.
아쉽다!

오늘날 당연하게 여겨지는
많은 것들이 그렇지 않았던
시절도 있었으니까.

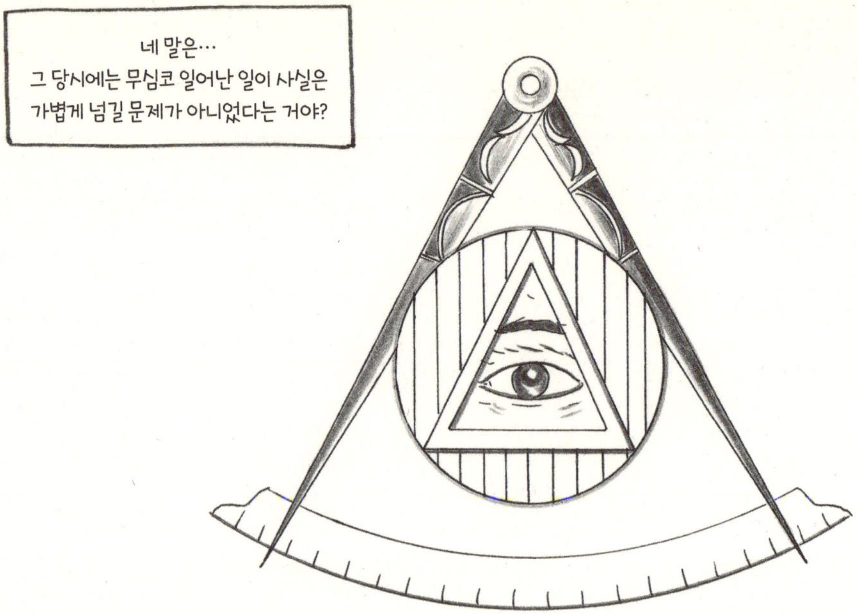
네 말은…
그 당시에는 무심코 일어난 일이 사실은
가볍게 넘길 문제가 아니었다는 거야?

확실히 밝혀지기 전에는
모든 것이 가능하다는 얘기지.
마치 음모론처럼.
음모론?

음모론은 의외로 간단해.
사실과 추측을 입맛대로 버무리면
무엇이든 설명할 수 있어.

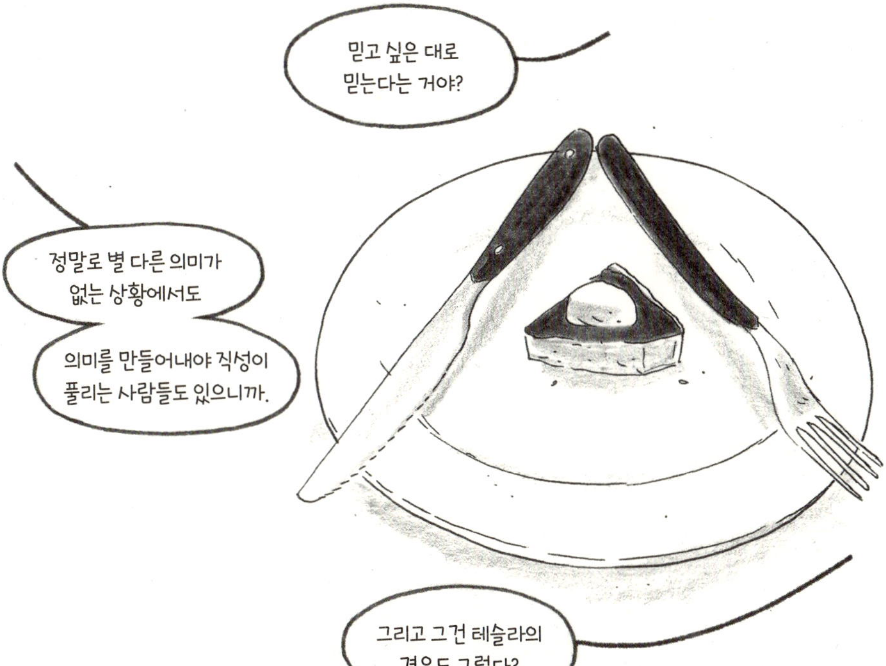
믿고 싶은 대로
믿는다는 거야?
정말로 별 다른 의미가
없는 상황에서도
의미를 만들어내야 직성이
풀리는 사람들도 있으니까.
그리고 그건 테슬라의
경우도 그렇다?

TOGETHER FOR THE FIRST TIME
JAMES STEWART
JOHN WAYNE
IN THE MASTERPIECE OF FOUR-TIME ACADEMY AWARD WINNER
JOHN FORD
The Man Who Shot Liberty Valance
그래.
영화 <리버티 밸런스를 쏜 사나이> 알아?
존 웨인과 제임스 스튜어트가
나오는데….
거기 마지막 대사가
뭐냐 하면
'진실과 전설 사이에서 인간은
언제나 후자를 택한다.'
그게 테슬라랑
무슨 상관이야?

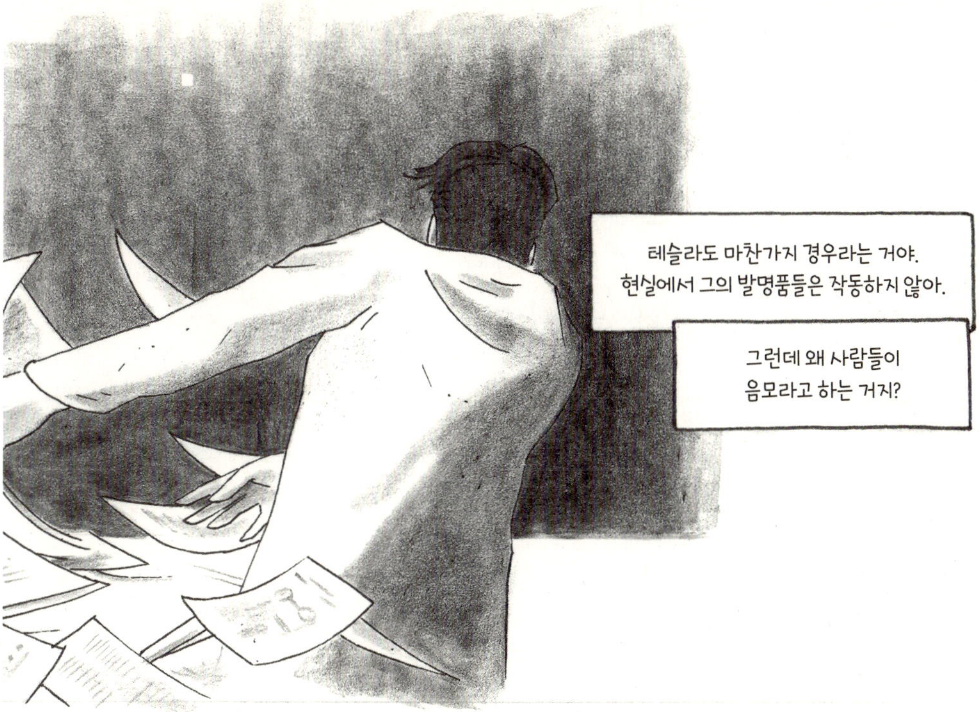
테슬라도 마찬가지 경우라는 거야.
현실에서 그의 발명품들은 작동하지 않아.
그런데 왜 사람들이
음모라고 하는 거지?

실패한 것보다
버림받은 스토리가 더 나으니까.
많은 과학자들이 망한 이론을
만들었지.
심지어 아인슈타인
같은 사람도.
확실해?

그래도 사람들이 거기에 대해선 별말이 없잖아, 그렇지?
그래, 확실히 그렇긴 하네. 업적 때문에 기억되는 그 사람들 역시 실패작이 있었어.
그러니까… 그 역시 한 사람의 인간이었다?
그렇지.
테슬라 이야기로 돌아가서, 그렇다면 테슬라가 죽고 나서 왜 FBI가 그의 방을 뒤진 거야?

그들이 워든클리프 타워를
파괴한 거랑
같은 이유였겠지.
전쟁 중이었고.
의심스럽다면
적의 손에 넘어가는 것보다
파괴하는 게 낫다는 거야?
그래. 근데 시간이
된 것 아냐?
응, 그러네.
전화 해볼게.

마지막 이야기

통화했어?
아니…
전화를 안 받네.
어디 사는지는
알아?
주소를 받긴 했지만 먼저 그가
전화할 때까지 기다려야 해.
가보자.

흠, 내 집만큼
나쁘진 않군.
KANE FIELD
SARATOGA CUBS
뭔 소리야? 이 작자가
가짜 주소를 줬어!
이건 영화 대사야.
〈블루스 브라더스〉 안 봤어?
사무실에 알아볼게.
거기로 전화했을 수도
있으니까.

이제 어떡하지?
식당으로 돌아가서 차분하게 정리해보자.

젠장, 이게 장난이면
광고주도 놓칠 거야.
음,
사진은 진짜였는데.
사실은, 그러길
바라는 거지.
띵!

그 사람이야?
뭐래?
잠깐만….
"CNN, 지금 당장!"

긴급속보
에 화재 발생
뭘 그리 보슈?
저기 어딘지
아세요?

뭐 때문에 그래요?
그러니까 그게…
친구 집이거든요.

저런, 이 뒤로 가보슈.
쉽게 찾을 거요!
감사합니다!

안에 뭔가 있었다면
낙엽처럼 다 타버렸겠군.
안 그랬기를
바라야지.

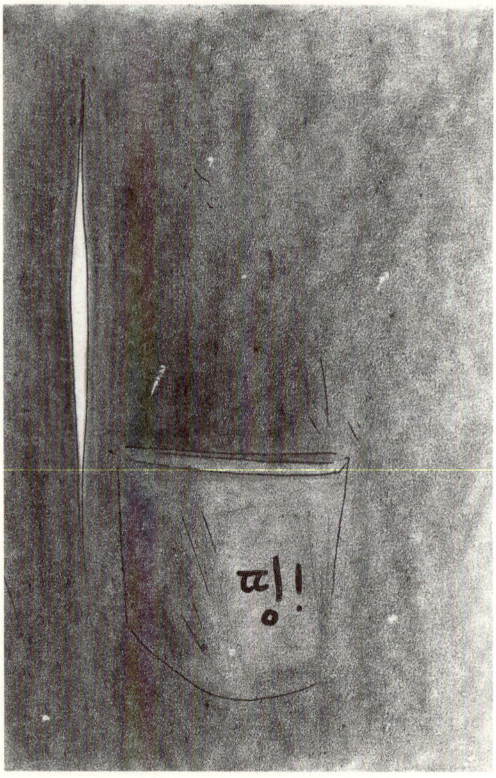
띵!

그 사람이다!

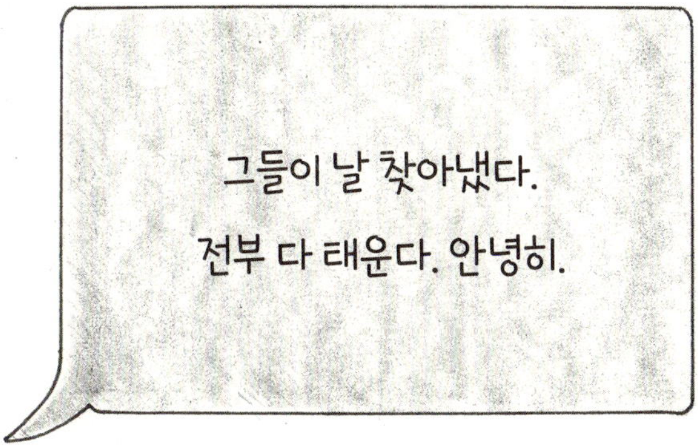
그들이 날 찾아냈다.
전부 다 태운다. 안녕히.

다시 테슬라의 전설이 덮친 거야?
그래 보이네.

그래도 다 잘못된 건
아니잖아, 안 그래?
안 그렇다고?
언제나처럼 넌 나한테
저녁을 사고,
비용은 전부 광고주한테
환급받을 거고, 그렇지?
그래, 뭐… 그렇다고
할 수 있지.

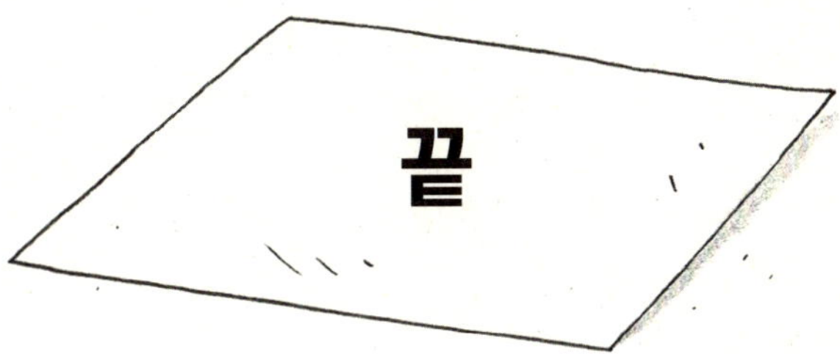
끝

감사의 글

다비데 칼리와 Book on a Tree 출판사의 믿음에 감사드린다. 잘 견뎌준 죠반니와 언제나 같이 있어 준 라파엘라에게도 고마움을 전하고 싶다.

세르죠 로시

내게 신뢰를 보내준 다비데 칼리에게 감사드린다.
언제나처럼 소중한 충고를 해준 이반 카누, 이 일을 하는 동안 날 지지해준 키아라, 그리고 이 멋진 모험에서 완벽한 동반자였던 세르죠에게도 감사드린다.

죠반니 스카르두엘리

니콜라 테슬라의 생애

테슬라는 1856년 7월 10일 크로아티아 슬라보니아 왕국에 속해 있던 고스피치 근처 스밀랸에서 태어났다. 이 지역은 현재 크로아티아에 속해 있다. 부모는 둘 다 세르비아 사람이었다. 아버지 밀루틴 테슬라는 1819년생으로 세르비아정교회의 신부였고, 어머니 조르지나 두카 만디치는 1822년생으로 세르비아정교회 신부의 딸이었다. 테슬라에게는 형이 하나 있었는데 12살 때 말에서 떨어져 죽었다. 그 외에 세 명의 여자 형제들이 있었다.

테슬라는 오스트리아의 그라츠 기술대학에서 전기공학을 공부하면서, 교류전류를 응용하는 방법에 관심을 가지게 되었다. 그러나 3년째의 첫 학기까지만 학교에 다니고 곧 그만뒀기 때문에 학위는 받지 못했다.

1881년 부다페스트로 거처를 옮긴 그는 전신회사에서 일하면서 엔지니어로서 헝가리 최초의 전화시스템에 크게 기여했다. 1882년에는 파리에서 토머스 에디슨(Thomas Edison)의 회사인 콘티넨털 에디슨 컴퍼니(Continental Edison Company)에서 엔지니어로 일했다. 테슬라는 1915년 자서전에서 이 시기에 유도모터에 대한 아이디어를 고안해 회전자기장을 사용할 수 있는 장치를 개발하기 시작했으며, 이로 인해 1888년에 여러 건의 특허를 취득하기에 이르렀다고 회상했다.

콘티넨털 에디슨 컴퍼니의 상사였던 찰스 배철러(Charles Batchelor)가 토머스 에디슨에게 직접 추천서를 써준 덕분에 테슬라는 1884년에 미국으로 건너가 에디슨 기계제작소(Edison Machine)에서 일하게 되었다. 몇 가지 과제를 해낸 후 테슬라는 에디슨으로부터 직류발전기를 개선하라는 임무를 받았다. 테슬라의 기록에 의하면 에디슨은 테슬라가 그 일을 해내면 5만 달러라는 상당한 액수의 포상금(현재 가치 약 1백만 달러)을 주기로 했다고 한다. 거의 일 년에 걸친 노력의 결실은 에디슨 회사에 여러 가지 특허를 안겨주었지만 에디슨은 테슬라와의 약속을

지키지 않았다. 그저 이렇게 대답했을 뿐이다. "테슬라, 자네는 미국식 유머 감각을 이해하지 못했군." 그 대신에 주급을 10달러에서 18달러로 올려주겠다는 제안을 받았지만 테슬라는 이를 거절하고 회사를 그만둔다.

1886년에 테슬라는 직접 테슬라 전기조명 제조회사(Tesla Electric Light & Manufacturing)를 설립했지만 몇 차례 투자자들과 충돌한 후 회사에서 쫓겨나게 된다. 1886년부터 1887년 사이에는 막노동으로 생계를 꾸려나갔다.
1887년에는 정류자 없는 첫 교류모터를 만들었고 전미전기공학자 협회에서 시연했다. 그 곳에서 조지 웨스팅하우스를 알게 되었고, 웨스팅하우스 전기 제조회사 부설 피츠버그 연구소의 고문으로 채용되었다. 웨스팅하우스는 교류전류의 장거리 전송에 관한 테슬라의 아이디어에 많은 관심을 보였다. 반면 직류전류가 널리 사용될 거라고 확신했던 에디슨은 테슬라의 생각에 전혀 관심이 없었고 교류전류를 다시 살펴보지도 않았다.

1891년 7월 30일, 35살의 테슬라는 미국 시민권을 획득했다. 같은 해 맨해튼의 5번가에 그의 연구실을 차렸고, 이 곳에서 선이 연결되지 않은 진공관에 불이 들어오게 하는 무선전송의 가능성을 선보였다.
1893년부터 1895년까지 그는 고주파 교류전류를 연구했으며, 미주리주 세인트루이스에 최초의 라디오 송신기를 건설하기도 했다.
1893년 시카고에서 개최된 세계박람회(World Columbian Exposition)에서 처음으로 전시관 하나가 통째로 전기에너지를 소개하는 데 쓰였다. 여기에서 테슬라와 웨스팅하우스는 교류전류를 사용한 전기조명으로 박람회 전체를 환하게 밝혀 방문객들에게 교류전류를 알렸다.

1893년부터 1897년 사이에 전류전쟁이 발발했다. 전국적인 규모로 퍼진 이 전쟁은 직류전류를 지지했던 에디슨이 테슬라와 웨스팅하우스에게 반발해서 일으킨 것이다. 승리는 먼 거리라도 손실 없이 전류를 전송할 수 있는 테슬라의 교류전류에 돌아갔고, 여기에는 테슬라가 발명한 이른바 유도모터도 한몫하게 된다.

1897년 테슬라는 웨스팅하우스에게 자신의 특허로부터 나오는 지적재산권을 포기하고 넘겨준다. 1898년에는 석유내연기관 자동차에 쓰이는 '전기 양초(시가잭 라이터)'를 발명했다. 1900년에 테슬라는 무선통신의 바탕이 되는 첫 특허를 등록하고, 이어서 1년 후 무선조종이 가능한 배를 선보였다. 그러나 군을 포함해 누구도 거기에 관심을 갖지 않았다. 원격 무선조종 기술은 1960년대까지도 신기술에 속했다.

1899년에는 콜로라도스프링스로 거처를 옮겼다. 거기에는 높은 전압의 고주파를 실험하기에 필요한 공간이 충분해서, 수백만 볼트의 전기방전과 함께 길이가 40미터에 달하는 인공번개를 만들 수 있었다. 테슬라는 몇 개의 전파를 기록하기도 했는데, 그는 이것들이 외계에서 온 라디오 신호라고 생각했다. 그러나 그것은 사실 펄서(맥동성)에서 온 것이었으며 1967년이 되어서야 관측되었다.
1900년 1월 7일 콜로라도스프링스를 떠났다. 이 연구실은 나중에 철거되었고 그의 장비들은 매각되어 빚을 갚는 데 쓰였다. 같은 해 워든클리프에서 전선 없이 전기를 수천 킬로미터 떨어진 곳으로 보내는 무선송전을 시도했다. 테슬라는 이 기술을 실현시키기 위해 워든클리프 타워를 완성하려 애썼지만 타워는 작동하지 않았고 제1차 세계대전 중에 해체되었다.

1904년에 미국 특허청이 굴리엘모 마르코니에게 무선전신 특허를 승인하면서 마르코니는 1909년에 노벨물리학상을 받게 된다. 1915년 테슬라는 이 이탈리아 발명가의 특허권을 무효화하기 위해 소송을 제기하지만 승소하지 못했다.
1916년 롱아일랜드 세이빌에 텔레풍켄 무선기지국을 세워 워든클리프에서 하려고 했던 것을 부분적으로 이루게 된다. 이 구조물은 1917년 독일 스파이들이 이를 이용할 수 있다는 우려 때문에 해병대에 의해 해체되었다. 파산상태에 빠지게 된 테슬라는 자신의 아이디어에 돈을 댈 투자자를 찾았다.

1917년 미국 전기전자공학자협회(IEEE)의 최고상인 에디슨 메달을 수상했는데, 전기에너지 발전 분야에서 테슬라가 남긴 업적은 1931년 타임지 한 호 전체에 소개되기도 했다. 1928년 출원한 그의 마지막 특허는 수직 이착륙 항공기에 관한 것으로는 최초였다.

1937년에는 '세계의 모든 전쟁을 끝낼 수 있는 슈퍼 무기'에 관한 기사를 썼지만 어떤 나라도 이것을 진지하게 생각하지 않았다.
1943년 86세를 일기로 9년 동안 묵고 있었던 뉴요커 호텔 객실에서 심장마비로 사망했다. 그는 빈털터리였고 많은 빚이 있었다. 같은 해 미합중국 연방대법원은 등록번호 645576 특허를 인정하여 테슬라가 바로 무선통신의 발명자임을 인정하는 판결을 내렸다.

죽기 직전 테슬라는 미국 전쟁성(지금의 국방부)에 제안했지만 받아들여지지 않았던 구상번개와 플라스마 물리학에 기초한 프로젝트에 열중하고 있었던 것으로 보인다. 미국 정부는 그의 금고에서 어떠한 시제품도 발견하지 못했지만 테슬라가 쓴 글들은 기밀로 분류되었다. 당시 FBI 국장 J. 에드가 후버는 테슬라의 발명과 특허의 성격을 감안할 때 이것은 '최고 기밀'이라고 선언했다. 이른바 '평화의 광선' 또는 '죽음의 광선'은 테슬라 주변을 음모론으로 감싸는 데 결정적 요인으로 작용했다.

1960년 파리에서 열린 국제도량형회의에서 자기장(또는 자속밀도)을 측정하는 데 쓰일 국제단위계(SI)의 공식단위를 '테슬라'로 부르기로 결정했다.
유럽입자물리연구소(CERN)의 거대 입자 가속기(LHC)는 8테슬라의 자기장을 발생시켜 소립자들을 가속기 안에 가두는 데 사용된다.
2003년에는 페이팔을 설립했던 일론 머스크가 테슬라의 이름을 딴 전기자동차 제조회사 테슬라모터스를 세웠다.
세르비아, 크로아티아 두 정부와 유네스코는 2006년을 '테슬라의 해'로 선포했다.
2006년 7월 10일 테슬라 탄생 150주년을 맞아, 1956년에 지어져 1990년대 크로아티아 독립전쟁으로 훼손되었던 테슬라 기념관이 재개장되었다. 테슬라의 고향 스밀랸에 위치한 이곳에는 생가와 박물관 등이 있으며, 테슬라의 일생과 업적을 기리는 멀티미디어 센터도 새로 건립되었다.

더 알아보기

책

테슬라와 우주 에너지 머신, 루카 노벨리(Editoriale Scienza, 2016)

나의 발명들, 니콜라 테슬라(Piano B, 2016)

테슬라, 에도아르도 세가토(Hoepli, 2015)

니콜라 테슬라, 마가렛 체니(Liberlibri, 2008)

과학자 및 기술자 전기 사전, G. 드라고니, S. 베르자, G. 고타르디(편집)(Zanichelli, 1999)

드라마/영화

니콜라 테슬라(1977) 유고슬라비아에서 방영된 TV 시리즈(60분 분량 10편)로, 테슬라 역은 라데 세르베지야가 맡았다.

니콜라 테슬라의 비밀(1980) 크르스토 파피치가 연출하고, 유고슬라비아 사회주의 연방 공화국 국영 자그레브 필름이 제작했다. 오손 웰즈가 대부호 J. P. 모건 역을 맡았고, 페타르 보조비치가 테슬라를 연기했다.

테슬라: 번개의 지배자(*Tesla: Master of Lightning*)(1999) 마가렛 체니의 책 《니콜라 테슬라》에 기초해서 만든 다큐멘터리이다.

프레스티지(*The Prestige*)(2006) 크리스토퍼 놀란 감독의 영화로, 주인공 로버트 앤지어(휴 잭맨)는 그의 마술을 보다 극적으로 만들기 위해 테슬라의 발명을 이용하려고 한다. 이 영화는 크리스토퍼 프리스트가 1995년에 발표한 동명의 소설을 바탕으로 했으며 테슬라 역은 데이빗 보위가 맡았다.

꿈을 현실로 만든 전기의 마술사

니콜라 테슬라

지은이|세르쬬 로시

그린이|죠반니 스카르두엘리

옮긴이|박종순

펴낸이|조승식

펴낸곳|BH balance & harmony

등록|1998년 7월 28일 제22-457호

주소|서울시 강북구 한천로 153길 17

전화|02-994-0071

팩스|02-994-0073

이메일|bookshill@bookshill.com

홈페이지|www.bookshill.com

2020년 4월 15일 1판 1쇄 인쇄

2020년 4월 20일 1판 1쇄 발행

ISBN 979-11-5971-261-6

정가 13,500원

BH balance & harmony는 (주)도서출판 북스힐의 그래픽 노블 임프린트입니다.

N. TESLA.

APPARATUS FOR TRANSMITTING ELECTRICAL ENERGY.

APPLICATION FILED JAN. 18, 1902. RENEWED MAY 4, 1907.

1,119,732. Patented Dec. 1, 1914.

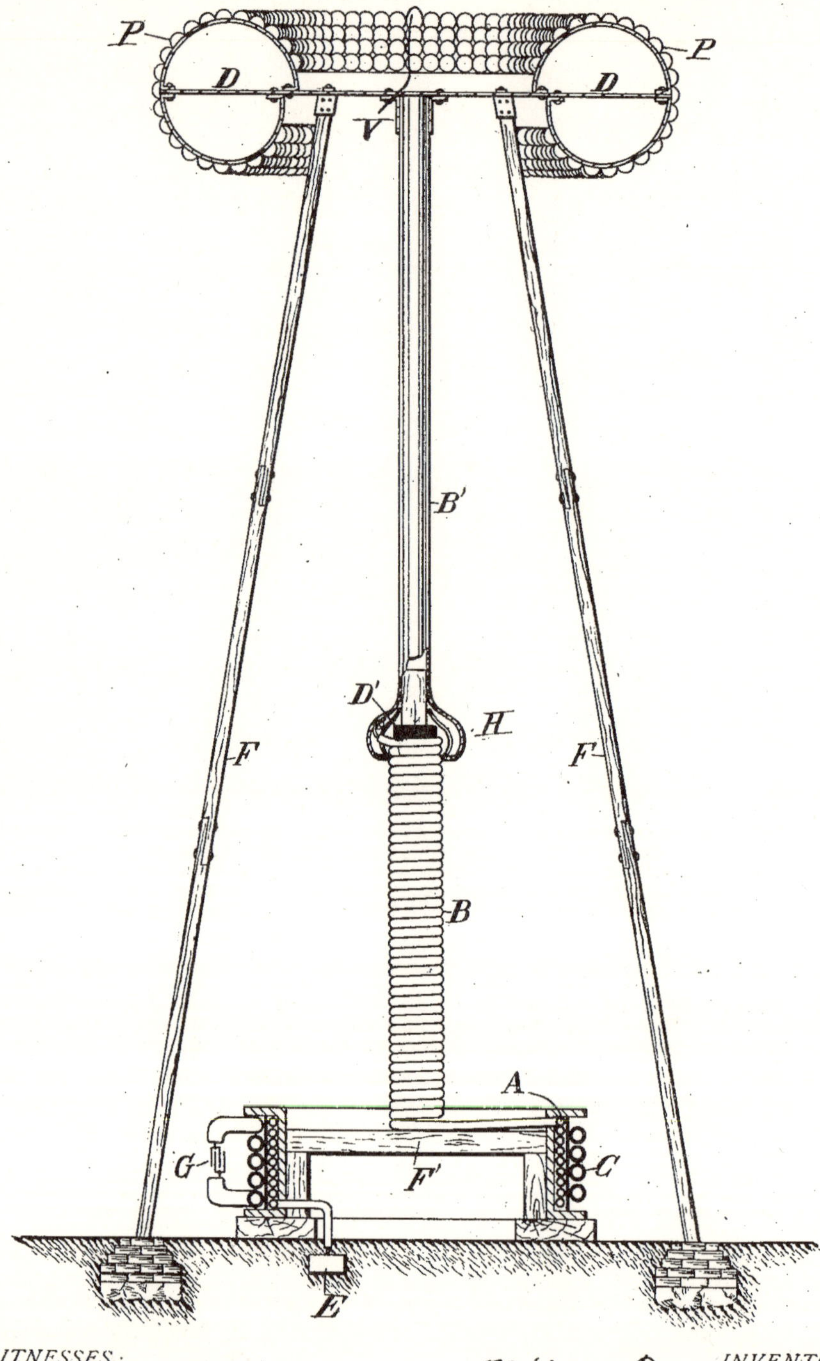

WITNESSES:

M. Lawson Dyer

Benjamin Miller

Nikola Tesla, INVENTOR,

BY Kerr, Page & Cooper, his ATTORNEYS.

Jan. 3, 1928. 1,655,114

N. TESLA

APPARATUS FOR AERIAL TRANSPORTATION

Filed Oct. 4, 1927 2 Sheets-Sheet 2

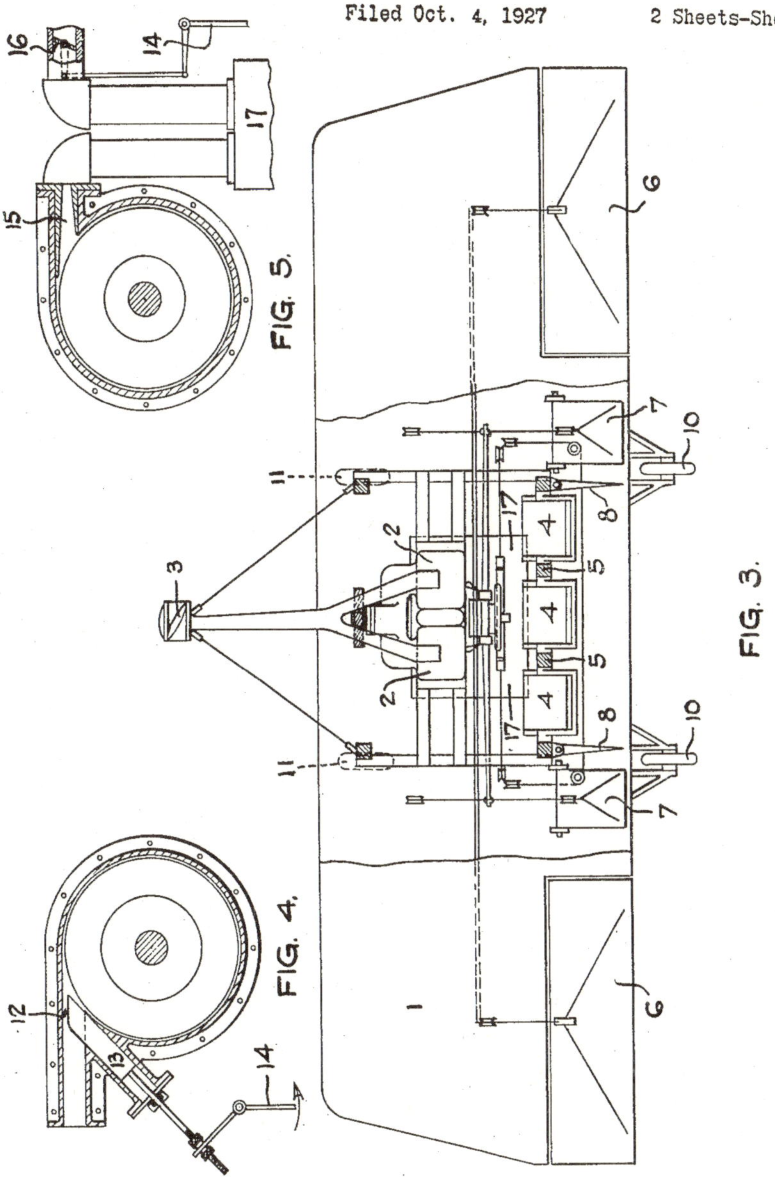

FIG. 3.

FIG. 4.

FIG. 5.

INVENTOR.
NIKOLA TESLA.
BY John P. Tarbox
ATTORNEY.